PIERRE AUBRY

Docteur-Vétérinaire

LA REPRODUCTION & L'ELEVAGE

du Cheval de Pur-sang Anglais

au Haras de Menneval

(Eure)

LANGRES
IMPRIMERIE MODERNE
1929

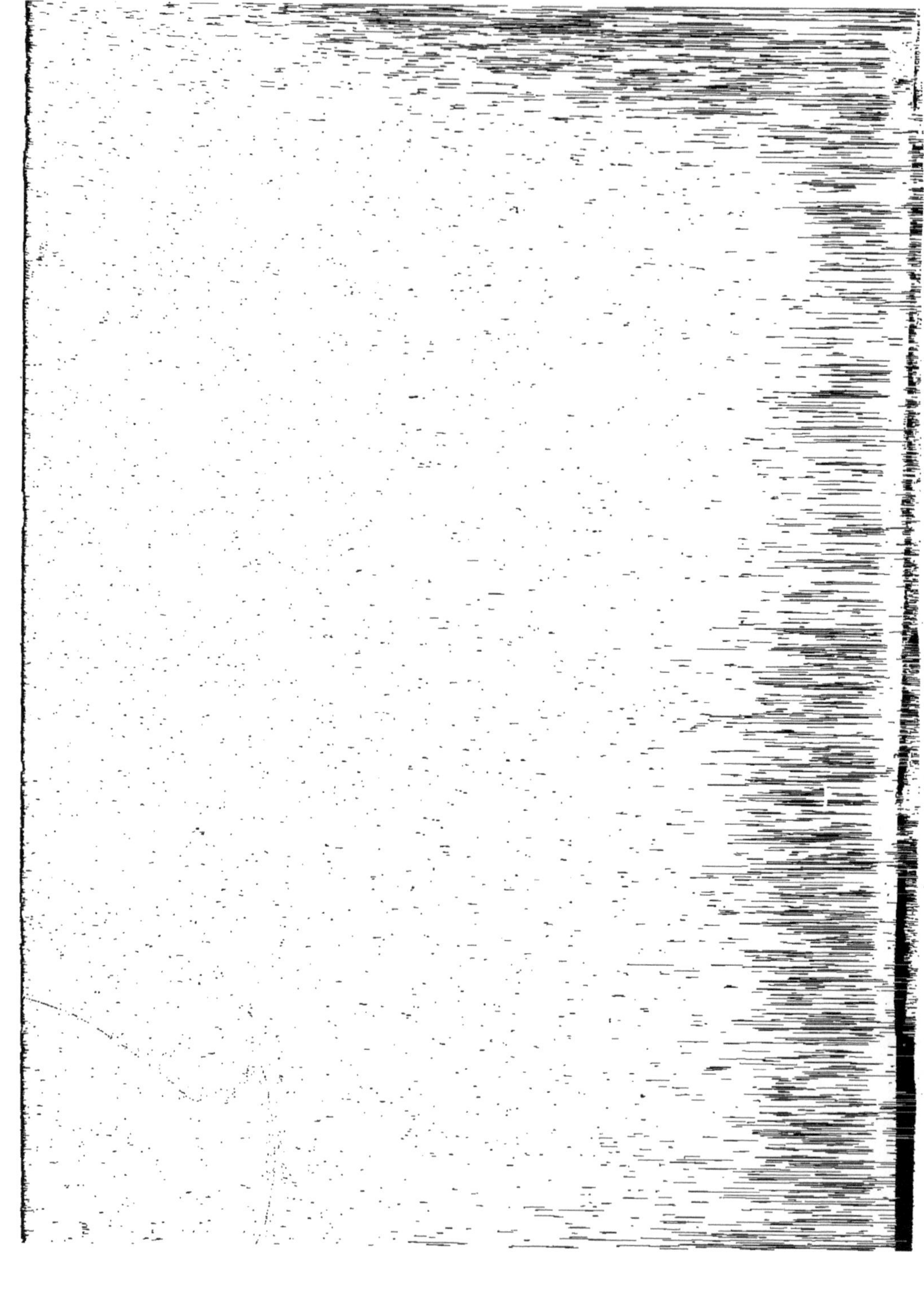

LA REPRODUCTION ET L'ÉLEVAGE
DU CHEVAL DE PUR-SANG ANGLAIS
AU HARAS DE MENNEVAL
(EURE)

PIERRE AUBRY

Docteur-Vétérinaire

LA REPRODUCTION & L'ELEVAGE

du Cheval de Pur-sang Anglais

au Haras de Menneval

(Eure)

═ **LANGRES** ═

IMPRIMERIE MODÉRNE

═ **1929** ═

A la mémoire de mon Père

A ma Mère

A Monsieur le Professeur GOSSET,

de la Faculté de Médecine de Paris

Pour le grand honneur qu'il nous a fait en acceptant la présidence de cette thèse.

A Monsieur le Professeur DECHAMBRE,

Pour avoir bien voulu nous guider dans l'élaboration de ce travail.

A Monsieur le Professeur

Pour sa bienveillance à notre égard.

A nos Maîtres de l'Ecole d'Alfort

A Monsieur le Comte Danger

*Qui a bien voulu nous permettre de
puiser chez lui les éléments de ce
travail.*

AVANT-PROPOS

INTERET DE L'ETUDE DE L'ELEVAGE
DU CHEVAL DE PUR-SANG

Il n'est pas dans l'espèce chevaline de sujet plus délicat, plus précoce, que le pur-sang. C'est ce qui le rend si attachant pour l'éleveur qu'il met aux prises avec des difficultés sans nombre, commençant bien avant sa naissance, pour ne finir qu'à la fin de sa carrière de course.

Pour produire en effet un animal de valeur, un « crak », l'éleveur doit d'abord chercher à obtenir chez lui, soit par des méthodes quasi scientifiques, soit par un simple calcul de probabilité, le « courant de sang » qu'il jugera le plus propre à donner au jeune les qualités de la race exaltées au plus haut dégré. Il devra donc mûrement réfléchir avant de donner une jument à un étalon déterminé, envisageant en outre de leurs ascendances, leurs qualités et leurs défauts pour essayer d'accroître les uns, de compenser les autres.

Il est inutile d'insister sur les difficultés de l'élevage proprement dit, elles relèvent de la délicatesse même du sujet.

Enfin l'éleveur, soucieux du bon renom de son exploitation, suit avec intérêt le sort de ses élèves qui disputent leurs chances dans les hippodromes et l'on comprend facilement qu'au moment de la vente, il consente plus volontiers à les remettre entre les mains d'un propriétaire sérieux, ayant su s'assurer le concours d'un entraîneur capable de placer les Yearlings au meilleur de leur condition.

Il n'est pas dans l'espèce chevaline de race dont l'histoire soit mieux dessinée, les ascendances mieux connues que la race de pur-sang anglais. Il n'en est pas de plus nettement sélectionnée, et c'est cette sélection même si avancée qui permet d'envisager des théories, dites de « croisements rationnels ».

A un point de vue plus général, on pourrait même citer la vieille rivalité sportive qui existe depuis toujours, entre la France et sa voisine d'outre-mer. Elle a su créer avec des sujets qui n'étaient pas autochtones, (tout au moins en ce qui concerne les géniteurs mâles), une race à laquelle elle a donné son nom, mais cette race, introduite en France, y a trouvé sous un climat plus doux, un sol plus riche et l'on ne compte plus actuellement, les chevaux nés en France qui retournent disputer à leurs frères anglais les trophées des célèbres compétitions insulaires.

C'est la description et aussi un peu la critique d'un de ces élevages français que j'essaierai dans les pages qui vont suivre :

Le haras de Menneval eut des produits fort honorables qui comptèrent souvent aux palmarès de nos hippodromes. Quelques-uns furent, après leur carrière de course, achetés par l'administration des haras nationaux et servirent à l'amélioration des races chevalines françaises.

Qu'il me soit permis, avant de commencer cette étude, de remercier encore une fois ici M. le Comte Dauger, propriétaire du haras de Menneval qui, par sa haute bienveillance à mon égard, m'a permis de réunir chez lui les éléments nécessaires à l'élaboration de ce modeste travail.

Historique du Haras de Menneval

C'est à M. Jacques Dauger que je dois les nombreux renseignements historiques dont voici le résumé.

Depuis 1814, la famille Dauger n'a cessé de s'occuper de l'élevage des chevaux de course.

C'est le Vicomte Camille Dauger qui éleva au haras de La Chapelle :

Plaisanterie : gagnant à Newmarket le Césarevitch et le Cambridgeshir ;

Clover : gagnant du prix du jockey-club (1887) ;

Clamart : gagnant du grand prix de Paris (1892).

La fondation du haras de Menneval remonte à 1871, lors de l'association du Comte Guy-Aldonce Dauger, père du propriétaire actuel, avec son beau-frère, le baron de Bray.

En 1878, les associés achetèrent l'étalon *Verdun* (par *Ruy Blas* et *Womann in red*).

A cette époque, le Comte Dauger faisait aussi l'élevage du demi-sang et une jument, *Mademoiselle de Fontenay,* fit souche chez lui de trotteurs fameux :

Trinqueur
Nymphe
Rouges, terres
Benjamin, etc...

Le Comte Dauger dirigeait en même temps une importante culture et fut élu Président de la Chambre Syndicale des Agriculteurs du département de l'Eure. Il fonda la société de courses de Bernay et y fit tracer en 1885 la première piste en ligne droite de 1.200 mètres qu'on ait vu sur les hippodromes ; elle eut du succès et donna l'idée à la Société d'Encouragement de créer celle de Maisons-Lafitte.

A la mort du Baron de Bray, le Comte Dauger continua l'élevage avec les juments qu'il avait en propre. Voulant augmenter son effectif, il loua la terre du Jardin, à Giel (Orne).

Verdun était reparti à Montgeroult chez la Baronne de Bray, mais à Giel, tout proche du haras du Pin et à Menneval, proche de celui de Serquigny, le Comte Dauger put utiliser les services des étalons nationaux.

D'ailleurs, à la mort du Marquis de Croix, l'administration des haras qui avait des chevaux en station à Serquigny, demanda au Comte Dauger de faire une station d'étalons à Menneval, où il y eut en dépôt depuis 1875 jusqu'en 1907 :

1 étalon de pur-sang ;

2 étalons de demi-sang carrossiers ;

1 étalon percheron.

De nombreux chevaux de pur-sang sortis du haras de Menneval servirent après leur carrière de course, d'étalons de croisement, les uns aux haras nationaux, les autres chez des particuliers. Furent de ce nombre :

Gourmet
Boissy
Bouledo
Magnanime
Beaumesnil
Rânes
Guise
Rio Tinto
Haras du Pin
Régal

En 1890, devant le succès de son entreprise, le Comte Dauger fit construire de nouveaux boxes, entre autres la « Maternité » dont il comprenait déjà l'importance à cette époque. C'est à cette date qu'il fit achat de l'étalon *Clairon* descendant en ligne directe mâle de *Touchstone*, qu'il dut loger à Montgeroult à cause de la présence à Menneval des étalons nationaux. Ses produits étaient précoces, vites, faciles à entraîner et de bon tempérament, ils rapportèrent de 1896 à 1908 : 2.286.814 francs.

En 1902 il y eut mévente sur les produits à cause du nombre toujours croissant des éleveurs et le Comte Dauger, déprimé par une maladie récente, dû liquider partiellement le haras, *Clairon* fut adjugé 25.500 francs au Comte Canevaro et partit en Italie.

Il n'y avait plus alors, que des poulains de bonne origine qui fassent prime sur le marché, la sélection et un choix sévère des juments d'élevage s'imposaient.

En 1907, le Comte Guy Aldonce Dauger mourut, après avoir cédé l'administration de la terre du Jardin à son second fils. Les propriétaires de Menneval et de Giel s'associèrent alors pour acheter un étalon et mettre en commun la plupart des juments. La station d'étalons nationaux de Menneval fut supprimée, car elle empêchait d'y loger l'étalon particulier du haras.

Suivant les termes de l'association encore en vigueur actuellement, les juments et l'étalon sont à Menneval, où les facilités de communication sont plus grandes et les poulains, après le sevrage, viennent à Giel, où la qualité des terrains et le climat facilitent beaucoup leur développement ; combinaison analogue à celle pratiquée dans le Perche, où les « naisseurs » conduisent les poulains jusqu'au sevrage et les vendent ensuite à des « éleveurs » qui les amènent jusqu'à la période d'utilisation.

Les deux associés firent alors achat de l'étalon *Saint-Bris*, descendant de *Galopin*, par *Saint-Simon* et *Nandine*. Il avait été importé d'Angleterre, en 1899, par le Duc de Gramont, qui l'avait envoyé au haras de Mortefontaine.

Les produits de Menneval gagnèrent près de 1.500.000 francs de 1910 à 1918 ; encore furent-ils très désavantagés par les quatre années de guerre. Citons parmi les plus remarquables :

Le Grand-Pressigny
et *Rouble*

C'est en 1913 que le Comte Dauger acheta *Pilliwinkie*, dont nous parlerons plus loin, puisqu'il est encore actuellement à Menneval. Il loua alors *Saint-Bris* à M. Chedeville au haras de Tellier, puis à M. Gabriel, au haras de Courteilles, mais lui envoya encore quelques juments de Menneval.

Ici se termine ce bref exposé historique. Nous nous réservons de rappeler plus loin et plus en détail, à propos de l'étalon, les origines et les produits de *Pilliwinkie*. Mais avant de passer à l'objet même de l'élevage, il est bon de tracer un peu en détail le cadre du tableau ou, en d'autres termes, d'étudier le milieu dans lequel naissent et vivent ces produits.

Le Haras de Menneval

SITUATION

Pour situer exactement le domaine de Menneval, tant au point de vue géographique et économique, qu'au double point de vue géologique et agronomique, il est nécessaire de donner ici un aperçu rapide et très général des diverses régions qui composent le département de l'Eure.

Portion occidentale et centrale du bassin parisien, ce département est surtout constitué par des terrains d'âge moyen. Il ne possède ni les terrains primaires ni même les terrains secondaires les plus anciens que l'on rencontre dans d'autres départements de la Normandie, mais il est constitué pour la plus grande part de terrains secondaires récents ou crétacés, auxquels succèdent dans la portion orientale la plus voisine du centre, les plus anciens des terrains tertiaires : Eocène et Oligocène. Les terrains crétacés (craie) ou tertiaire (calcaires) sont recouverts partout par une couche plus ou moins épaisse d'argile à silex imperméable, qui formé des niveaux d'eau ; par-dessus se trouve presque partout une couche de limon fertile. Presque partout le sol est entaillé de vallées humides plus ou moins larges et plus ou moins profondes.

Selon l'épaisseur des limons, la largeur des vallées, les plateaux crayeux ou calcaires présentent des aspects et des ressources différentes, c'est pourquoi, malgré l'uniformité du sol, on divise le département en trois régions :

1° au nord-ouest : *Roumois et Lieuvin,* découpés par de larges vallées et couverts d'herbages ;

2° au centre : *Vexin normand, plaine du Neubourg, plaine de Conches et plaine de Saint-André,* sur lesquels on trouve à côté d'espaces cultivables, des régions incultes et des forêts ;

3° au sud : *Pays d'Ouche et vne faible partie du Thimerais,* où l'on trouve beaucoup de landes servant à la pâture des moutons.

Si l'on se base pour diviser le département, non plus cette fois sur l'aspect et la richesse des cultures, mais qu'on cherche à voir dans les profondes vallées qui le sillonnent ou se dirigent vers la Seine un ensemble de frontières en quelque sorte naturelles, on le trouve divisé en six plateaux distincts :

1° *à l'est* l'arrondissement des Andelys qui forme une partie du Vexin normand ;

2° *entre la Seine, l'Eure, l'Iton et la Risle,* un plateau divisé en trois parties, au nord le Roumois, au centre la plaine du Neubourg, au sud les forêts de Conches et de Breteuil ;

3° *entre l'Eure et l'Iton* : la grande plaine de Saint-André ;

4° *entre la Charentonne et la Risle* : le pays d'Ouche ;

5° *à l'ouest de ces deux rivières* : la plaine du Lieuvin, limitée par de petites vallées dont les rivières descendent à la Toucque ;

6° *au sud de l'Iton* : la petite partie du Thimerais qui forme la pointe extrême du département.

Ces quelques notions générales étant acquises, il nous reste maintenant à situer exactement le domaine de Menneval et à en décrire un peu plus longuement les terrains.

Le château et la ferme de Menneval sont situés dans le canton et l'arrondissement de Bernay, à 3 kilomètres à l'est de cette ville, dans la vallée de la Charentonne, large à cet endroit. Les bois couronnent les pentes qui descendent au nord de la vallée, les terres de labour, prairies artificielles et temporaires s'étendent ensuite sur la plaine ou plus exactement le plateau du Lieuvin.

Disons de suite que la plaine du Lieuvin est, au point de vue agricole, une région de transition entre les plateaux du centre et de l'est de l'Eure et la région vallonnée qui entoure Lisieux. Au nord-est de Bernay il y a encore prédominance de terres de labours ; mais, plus on avance vers l'ouest, plus on rencontre de prairies et d'herbages.

VOIES DE COMMUNICATION

La route (R. D. N° 133) de Bernay à Serquigny et Beaumont-le-Roger traverse une partie de la propriété. A trois kilomètres de la route nationale n° 138, d'Alençon au Mans, qui traverse le département en passant par Bernay, Brionne, Broglie, etc...

Par chemin de fer, Bernay est à 159 kilomètres de Paris, sur la ligne de Paris à Caen et Cherbourg.

Comme on le voit, les facilités de communication sont largement assurées par les grandes routes et le chemin de fer.

GÉOLOGIE

Les couches géologiques que l'on rencontre dans l'arrondissement de Bernay, sont naturellement peu variées. On ne trouve guère que du crétacé recouvert par une couche épaisse de diluvium et le fond des vallées est formé d'alluvions contemporaines.

Les vallées de la Charentonne et de la Risle sont creusées dans une épaisse couche de marne qui appartient au crétacé supérieur. Cette marne forme une roche tendre se délitant facilement ; on s'en sert pour faire de la chaux, mais aussi pour amender les terres. Elle renferme dans sa masse des rognons de silex pyromaque visibles sur les pentes boisées qui descendent de la plaine dans la vallée de la Charentonne ; on en trouve en grande abondance à plusieurs endroits et on les exploite pour l'entretien des routes.

Dans les plaines, la couche de diluvium qui recouvre la marne, atteint parfois 20 mètres d'épaisseur ; elle est formée d'assises de natures variables, mais dans lesquelles l'argile domine. Elle fournit une matière première excellente pour la fabrication de briques et forme une terre arable généralement de bonne qualité.

Des sondages ont été faits dans la vallée de la Charentonne, mais n'ont rien révélé d'important au point de vue géologique, on a trouvé partout : d'abord de la tourbe, puis une couche de cailloux très durs mélangés de sable, mais cette couche n'existe que dans la vallée et provient du transport des eaux. A Brionne, au nord-est de Bernay, on a trouvé : une couche compacte de cailloux et de silex de 2^{m}50 à 3 mètres d'épaisseur, puis, sur une profondeur de 3 à 4 mètres, de l'argile bleue très molle, ensuite de l'argile jaunâtre plus ferme, enfin des couches de nature variable, mais sans caractères nettement marqués.

La direction des courants d'eau superficiels et souterrains est déterminée par la direction et la nature des couches géologiques.

Signalons comme particularité intéressante, l'existence sur le cours de la Charentonne de cavités naturelles dans lesquelles elle disparaît en partie.

NATURE ET RICHESSE DES TERRES

On caractérisait en 1851 la situation agricole de la commune de Menneval de la façon suivante :

« Sol argileux susceptible d'une grande fertilité par la « culture et l'engrais : froment, lin, colza, foins artificiels, « prés fertilisés par les eaux de la Charentonne. »

On aura trois zones de culture nettement tranchées :

1° à la partie la plus basse, prés irrigués ;

2° une zone intermédiaire occupée par les bois ;

3° enfin, une partie culminante couverte par « les franches terres du Lieuvin » (diluvium des plateaux) marquant le début de la plaine du Lieuvin et portant encore quelques prairies, mais surtout des terres de culture.

CLIMATOLOGIE

Le département de l'Eure a un climat très nettement maritime, la température moyenne est un peu plus haute que celle de Paris (10°9 au lieu de 10°6) et l'amplitude des oscillations entre la moyenne du mois le plus froid et la moyenne du mois le plus chaud est d'environ 13° au lieu de 16° àParis. En résumé, étés froids, hivers tièdes, caractéristiques du climat maritime.

Autre trait de ce climat : Des jours de pluie assez fréquents (118 par an) groupés surtout en automne, à la suite des marées d'équinoxe et une quantité annuelle de pluie de 650 millimètres. Cette humidité explique la richesse des herbages comparables à ceux du pays d'Auge et du Calvados.

Les vents dominants sont ceux de l'ouest et du sud-ouest, amenant ordinairement la pluie, puis ceux du nord-ouest et du nord. Les vallées sont souvent couvertes de brumes.

Altitude : 150 mètres environ.

DIVISIONS DU DOMAINE

Les chevaux de sang, étant donné leur précocité, doivent avoir, en outre de leur alimentation en vert, un gros appoint d'aliments concentrés, c'est pourquoi il est naturel d'avoir, à côté des herbages du haras proprement dit, des terres de culture capables de fournir avoine, orge, etc... et dispensant ainsi l'éleveur de se les procurer au dehors à grands frais.

Le domaine de Menneval, très complet à ce point de vue, se divise en deux parties fort distinctes :

1° le haras proprement dit et ses herbages ;

2° les terres de cultures.

(Laissant de côté les bois, parcs, dépendances du château qui pourraient former une 3° partie n'ayant, pour notre sujet, qu'un intérêt secondaire.)

Notons en passant que les terres de culture permettent d'exploiter, secondairement à l'entretien du haras, une bande de vaches laitières fort remarquables.

La surface totale des terres est d'environ 350 hectares, comprenant :

Herbages et prairies	70 hectares
Terres de labours	90 —
Bois	190 —
Total...............	350 hectares

1° *Haras proprement dit*

Les herbages et prairies du haras sont établis en partie sur les terrains d'alluvions de la vallée de la Charentonne, en partie sur les premières pentes recouvertes encore de terrains d'alluvions, enfin, une 3° partie sur le plateau tend à s'accroître chaque année et empiète sur les terres de labours.

Les herbages qui occupent la vallée fournissent une herbe abondante, mais sont inondés en partie durant l'hiver, à cause de l'irrégularité du cours de la Charentonne. Cette rivière, qui fournit une force motrice gratuite à de nombreux industriels de la région, est un peu surchargée à ce point de vue par ses usagers, au grand détriment des autres riverains et notamment des cultivateurs. Les industriels font à leur profit des retenues d'eau leur permettant de travailler de façon plus suivie ; un syndicat des riverains a été constitué pour protester contre cet usage, mais son action est encore inopérante, faute de sanctions applicables. Chez lui, M. Dauger a dû faire créer à grands frais de nombreux fossés et canaux d'écoulements mais, malgré ces drainages superficiels, la flore de ses terrés basses reste encore nettement acide ; il essaye de corriger cette acidité par l'emploi judicieux des scories de déphosphoration et de la marne, trouvée à pied d'œuvre, en affleurement et dont la réaction fortement basique a dans l'espèce les meilleurs effets.

Les prés qui occupent les premières pentes, sont beaucoup plus sains, l'herbe y est de meilleure qualité. On trouve dans quelques-uns de ces herbages des boxes isolés, ou des abris dont nous parlerons plus loin au chapitre des Bâtiments et aménagements.

Les prairies naturelles qui se trouvent sur le plateau existaient déjà depuis longtemps pour une certaine partie, l'autre a été créée récemment.

2° Terres de cultures

Elles sont toutes situées sur le plateau et constituent le début des « franches terres du Lieuvin ». Ce sont d'ailleurs d'excellentes terres « très franches » comme l'indique leur nom générique. Elles sont exploitées suivant un assolement quadriennal ; les quatre soles étant :

Betterave

Blé

Avoine

Prairie artificielle

Prairie artificielle —durant 3 ans, — la 4° année cette sole rentre dans le cycle triennal, tandis qu'un autre quart du domaine vient prendre sa place. Il serait trop long d'envisager ici les avantages de cette méthode que les techniciens les plus autorisés regardent comme excellente à tous points de vue.

D'une façon générale, notons; dans l'ensemble du domaine, la tendance, fort naturelle d'ailleurs étant donné le milieu en général et le but de l'exploitant, à augmenter la production fourragère, par la création de prairies nouvelles. Autrefois, les terres de cultures proprement dites, occupaient 100 hectares contre 60 de prés, actuellement 10 hectares ont été transformés en prairies, ce qui donne la proportion suivante :

Terres labourables .... 90 hectares
Prairies .... 70 —

AMENAGEMENTS ET LOCAUX

L'élevage en plein air, l'idéal pour certaines races de chevaux, ne peut être réalisé pour le pur sang, étant donné la sensibilité particulière de cet animal et le capital qu'il représente. Bien que la plupart des haras soient situés dans des pays à climat tempérés et humides, une telle mesure éliminerait d'emblée les sujets les plus délicats et, bien que pouvant paraître avantageuse au point de vue sélection et amélioration des qualités d'endurance de la race, ne laisserait pas de devenir désastreuse pour le propriétaire.

Il faut, néanmoins, reconnaître que l'air et l'exercice restent au premier rang des facteurs hygiéniques, dont dépendent la santé du fœtus « in utéro » et plus tard du jeune après sa naissance.

- Les bâtiments devront être aérés, aussi près que possible de la température extérieure, bien éclairés et, en thèse générale, orientés à l'opposé des vents dominants. Les animaux, en dehors du confortable qu'ils leurs assurent pendant les grands froids ou les fortes chaleurs, y trouveront régulièrement les aliments concentrés qu'il est nécessaire de leur distribuer pour arriver à la précocité exigée aujourd'hui.

Disposition générale

Il est impossible de dire que le haras de Menneval ait été construit suivant un plan ordonné, tout d'abord parce que ses divers bâtiments ne datent pas tous de la même époque, ensuite parce que leurs destinations premières différaient vraisemblablement, et enfin, parce que les différents propriétaires n'ont pas tenu à les grouper suivant un ordre donné.

Les principaux bâtiments sont situés à peu de distance du château dans un coin de parc ombragé. Ils y forment plusieurs groupes : d'abord le boxe de l'étalon, les boxes de la maternité, enfin, cinq autres groupes de boxes disséminés dans le parc et quelques-uns au milieu des herbages.

Si ce genre de disposition, qu'on pourrait appeler avec quelque raison un système dispersé, présente de nombreux inconvénients au point de vue de la main-d'œuvre : distribution des aliments, renouvellement des litières, etc..., il a, par contre, un immense avantage ; c'est d'assurer naturellement l'isolement presque absolu entre les différents groupes en cas d'épidémies.

Quelques-uns de ces bâtiments n'ont pas été, comme je l'ai dit plus haut, destinés tout d'abord au logement des chevaux ; ils n'offrent donc qu'un médiocre intérêt. D'autres, par contre, méritent une description spéciale.

1° *Boxe de l'étalon*

Nous avons vu dans le chapitre consacré à l'historique du haras, que Menneval fut de 1875 à 1907 un dépôt d'étalons nationaux, ceux-ci étaient alors logés dans un pavillon situé à l'écart et comprenant quatre boxes. Actuellement, l'étalon particulier du haras est toujours logé dans l'un de ces boxes, mais les deux autres, qui ouvrent à l'opposé, servent à loger les juments. Ce pavillon possède un étage supérieur servant de logement à l'étalonnier et lui permettant d'exercer une surveillance étroite. Il est entouré de deux côtés par une palissade élevée, délimitant une cour longue de 25 mètres et large de 15, où se font les saillies, on y trouve la barre de présentation, sorte de couloir limité par deux cloisons de bois de 1^m35 de haut sur 3 mètres de long, garnies de rouleaux à leur partie antérieure et supérieure. Elle est protégée contre les intempéries par un petit toit en appentis à 2^m50 du sol.

Le boxe de l'étalon a 6 mètres de long sur 3 de large et 3 de haut, le sol est cimenté, les angles sont arrondis ; il est entièrement plafonné, les murs sont enduits d'une peinture à base de goudron jusqu'à une hauteur de 2 mètres ; la couleur noire manque évidemment de coup d'œil et d'esthétique, mais cet inconvénient est largement compensé par les avantages de l'action antiseptique de l'enduit.

Le boxe donne sur la cour de monte par une porte à deux battants superposés, l'inférieur de 1^m40 de large sur 1^m50 de haut, le supérieur de même largeur et de 90 centimètres de haut. Quand le battant supérieur est ouvert, on rabat à sa place pour éviter tout accident, un solide panneau grillagé.

Comme aménagements intérieurs, le stricte nécessaire : une mangeoire en ciment et un large anneau métallique dans lequel se place le seau dont on renouvelle l'eau plusieurs fois par jour.

2° *Boxes de la maternité*

Ce groupe comprend huit boxes, dont quatre spécialement destinés à la surveillance des juments à terme. Construit en 1890, ce bâtiment est fort bien compris et mérite d'être donné en exemple pour faire ressortir les avantages incontestables que présentent l'isolement et la surveillance des juments lors de la mise bas.

Comme, en dehors de l'époque des poulinages, il sert à abriter des juments suitées, il est entouré d'un large paddock commun, où les bêtes peuvent sortir et prendre de l'exercice, c'est pour la même raison que nous trouvons aussi dans les boxes deux mangeoires, une pour la mère, une pour le jeune, avec comme dans tous les autres locaux du haras, l'anneau métallique destiné à recevoir le seau d'abreuvement.

Les boxes sont vastes, on y accède de l'extérieur par de larges portes garnies de rouleaux, la partie supérieure de ces portes est indépendante et permet l'éclairage et l'aération qui est aussi obtenue par de larges vasistas portant charnières à leur bord inférieur, ce qui évite l'arrivée directe de l'air sur le dos des animaux. Le sol est cimenté.

Le bâtiment est coupé en deux par un pavillon central à deux étages, dont la partie inférieure forme une chambrette où couche le stud groom à l'époque des poulinages ; quatre boxes communiquent avec elle par des judas et des portes à glissières. Dans cette chambrette se trouvent tous les médicaments et instruments nécessaires en cas de part dystocique ou simplement tumultueux. Un jeu de sonnettes permet au stud-groom d'appeler à l'aide, car le jeune pur-sang étant un animal délicat par excellence, il convient d'intervenir si au bout de 15 à 20 minutes les efforts expulsifs de la jument restent sans résultat ; le poulain ne peut en effet résister plus d'une demi-heure à partir du moment où il se trouve engagé dans le bassin.

Ces circonstances ainsi que la grande valeur du produit motiveraient suffisamment l'existence des boxes de maternité surveillés, mais une autre raison non moins importante vient s'y ajouter. Il importe, en effet, de prendre dès la naissance du jeune toutes les précautions nécessaires à la prophylaxie des maladies microbiennes. Cette question ayant été traitée de main de maître par M. l'Agrégé Lesbouyries, dans une conférence publiée dans la « Revue de zootechnie » (août 1928), nous ne pouvons mieux faire que de nous y rapporter.

Leurs manifestations — ensemble de troubles graves, généraux ou locaux — appelés d'abord par Cadéac « Pyosepticémie des nouveaux-nés », sont réunies par M. Lesbouyries, sous le nom plus général de « maladie de nouveaux-nés ». Il leur reconnaît quatre modes d'infection :

1° *l'infection du germe*, non démontrée pour le germe mâle, mais qui reste possible pour le germe femelle.

2° *l'infection du fœtus in utéro*, de connaissance relativement récente, mais à laquelle on attache de plus en plus d'intérêt et dont la preuve repose sur de nombreux faits d'une importance capitale.

3° *l'infection du jeune au moment de la naissance*, ad-

mise depuis longtemps déjà, mais à la vérité exception-
nelle, le nouveau-né étant protégé par les enveloppes et
par les eaux fœtales.

4° *enfin, l'infection post partum,* qui est au contraire
souvent réalisée et explique presque tous les cas de contagion observés dans les écuries.

Après sa naissance le jeune peut se contaminer, soit
par la voie digestive, soit par la voie ombilicale.

La pénétration des germes par la voie ombicale est
très fréquemment observée en 1832. Lecocq, étudiant les
lésions de polyarthrite ou forbéture des poulains, constate la
suppuration de la veine ombilicale. Lui et Bollinger, en
1875, firent admettre par leurs travaux la possibilité de
l'origine ombilicale de cette affection, les microbes pouvant
d'ailleurs emprunter cette voie sans altérer le cordon, ni
même l'enflammer, l'infection se propageant surtout chez
le poulain, par les artères ombilicales (Gmelin).

La voie digestive est aussi très accessible aux germes.
Lors de la souillure de la litière par un délivre ou un
fœtus infectés, lorsque le cordon ombilical ne s'infecte
pas, le jeune peut lécher la litière, le trayon de la mère
peut être souillé. On note d'ailleurs que l'action des microbes pathogènes est favorisée par l'absence de microbes
antagonistes et que leur virulence est souvent exaltée par
le passage en série sur d'autres animaux.

De cet exposé succinct des modes de contagion du jeune,
ressort l'importance du rôle prophylactique joué par l'iso-

lement des mères au moment de la mise-bas. L'absence de maternité est une cause principale de la persistance des épidémies qui déciment chaque année les élevages. La propagation indéfinie de la maladie des nouveaux-nés est assurée par le contact des animaux sains avec des animaux malades ou avec les litières de ceux-ci.

D'autres moyens prophylactiques, ligature et pansement ombilical, administration du colostrum maternel, sont non moins indispensables, nous y reviendrons plus loin.

3° Autres groupes de boxes sans destination particulière

Un groupe de huit boxes est entièrement construit en bois et couvert de tuiles, la partie postérieure forme hangar à fourrage.

Ces boxes, destinés à recevoir la mère et son poulain quand celui-ci est déjà à l'abri de par son âge des affections les plus dangereuses, ne sont pas du type cellulaire et les cloisons de séparation ne montent que jusqu'aux deux tiers de la hauteur, entre le plancher et le plafond ; il y règne donc une aération plus intense, premier acheminement vers la vie idéale en plein air.

Les autres groupes ne présentent rien de spécial, leur description nous entraînerait trop loin.

Signalons encore l'existence d'un manège couvert, destiné à permettre l'exercice de l'étalon quelque soit le temps et l'état du sol.

Notons enfin que l'éclairage électrique est fourni dans toute l'exploitation par un moulin situé en face du haras, sur la Charentonne.

Reproduction du Cheval de Pur-sang
au Haras de Menneval

On peut diviser la reproduction du cheval de pur-sang en deux parties.

L'une, toute théorique, s'étudie uniquement sur le papier, ou plus exactement sur les papiers des reproducteurs ; c'est le choix et l'application de la méthode de croisement (1).

L'autre partie comprendra la pratique proprement dite de la reproduction ; choix de reproducteurs, leur hygiène spéciale, et la mise en œuvre des différentes méthodes de fécondation.

CHOIX ET APPLICATION DE LA METHODE DE CROISEMENT

On a beaucoup écrit sur l'utilité ou l'inutilité d'avoir en matière d'élevage, une méthode de croisement. Les au-

---

(1) Les éleveurs de pur sang ne prennent pas le terme « croisement » dans le sens que lui donnent les zootechniciens ; accouplement d'individus de races différentes, pour eux « croisement » est synonyme d'accouplement dans la race, c'est dans ce sens que nous l'emploierons sans plus de commentaires.

teurs pouvaient apporter dans ces polémiques l'appoint de leur longue expérience ; aussi me garderai-je de discuter leurs opinions pour ou contre.

J'estime seulement, d'accord en cela avec les auteurs mêmes de ces méthodes et ceux qui les mettent en œuvre, que l'élevage n'est pas une opération mathématique dont on puisse prouver l'exactitude par quelque chose d'aussi facile que la preuve par 9 et qu'il n'est pas de méthode qui puisse permettre d'obtenir, à coup sûr, un produit de choix, où comme le dit Lottery lui-même : « Il n'est pas de formule chimique pour jeter dans un creuset les éléments constitutifs d'un crack. »

L'instabilité des résultats découle d'ailleurs des lois de l'hérédité. Nous savons, en effet, que les caractères ancestraux peuvent sauter une ou plusieurs générations, ce qui explique déjà suffisamment pourquoi deux produits issus du même père et de la même mère pourront ne se ressembler en rien. Que penser alors des résultats si nous admettons la théorie de l'imprégnation de la mère ?

Il n'en est pas moins admis par tous les éleveurs, que l'origine joue un grand rôle dans la valeur d'un cheval de sang et que nombre de calculs de probabilité sont faits sur le seul examen des pédigrés.

Il n'y a, dès lors, aucune raison pour ne pas essayer de baser ces calculs sur l'une des méthodes prônées par les auteurs, il faut simplement avoir la sagesse de ne pas trop compter sur des résultats extraordinaires et n'en attendre que ce qu'elles peuvent donner.

Deux théories se présentent aux éleveurs pour leur servir de guide dans les labyrinthes du Stud book, mais avant de les exposer il ne me semble pas inutile de rappeler quelles sont les bases qui permettent de les appliquer et de parler un peu des origines du cheval de pur-sang.

Les deux grands processus qui ont présidé à la formation de la race de pur-sang anglais sont : d'une part — comme dans toute race pure — la consanguinité ; d'autre part, la sélection par les courses.

La consanguinité fut poussée à un degré considérable :

En effet. Prenons un cheval de pur-sang anglais actuel et cherchons combien il avait d'ancêtres à la 25ᵉ génération (environ vers 1600). On trouve que ce nombre est égal à 2^{25} soit 33.554.432. Il n'est pas besoin de dire qu'à cette époque la population chevaline de toute l'Angleterre n'atteignait pas le 1/100 de ce chiffre et que dans toute cette population le pur-sang n'était peut-être représenté que par quelques centaines d'individus.

D'ailleurs, l'examen du pédigré de n'importe quel cheval de pur-sang révèle tôt ou tard de nombreux « inbreeding ».

On pourrait arguer que cette consanguinité formidable aurait dû, en plus de la fixation des caractères et aptitudes de la race y amener des dégénérescences profondes.

M. E. Nicard répond pleinement à cette objection dans

son livre, très documenté, sur l'inbreeding et l'out-crossing.

Après avoir relaté les opinions les plus autorisées sur ce sujet, il montre que la consanguinité n'agit qu'en exagérant les qualités ou les aptitudes morbides des individus.

« Elle n'offre aucun danger, bien au contraire, dans les
« races pures. Elle y favorise même la transmission des
« meilleures qualités. Ce n'est pas la consanguinité qui est
« saine ou morbide, c'est le terrain sur lequel elle se pro-
« duit. »

Elle se trouve donc compensée largement dans ce qu'elle pourrait avoir de nocif pour l'avenir de la race de pur-sang, d'abord par la sélection par les courses, ensuite **par** « l'out-crossing ».

La sélection par les courses, considérable elle aussi, élimine impitoyablement de la reproduction les sujets inférieurs ou même médiocres. Elle permet donc à l'action, pour ainsi dire « exagérante » de la consanguinité de ne s'exercer qu'au prorata des qualités.

Un autre facteur interviendrait aussi, d'après **M.** Nicard pour contrebalancer l'influence de l'inbreeding, c'est ce qu'il nomme l'out-crossing atavique.

« En effet, dit-il, les ancêtres de la race étant des ani-
« maux très différenciés, se propagent à travers les âges
« avec une grande fixité, leurs descendants, désignés par
« la sélection impitoyable des courses, se croisent de nos

« jours comme eux se croisaient il y a quelques centaines
« d'années à la formation du pur-sang. »

Cet out-crossing se produirait dans les croisements entre les familles de juments et en outre, par les croisements
des courants des trois chefs de race : *Herod, Eclypse* et
Matchem, descendant eux-mêmes de trois pères très différenciés :

Darley arabian, Byerley turk, Godolphin Barb.

Enfin, M. Nicard pense (avec le Comte Lehndorf, di-
recteur des haras d'Allemagne) que les individus d'une
même variété, mais d'habitats différents, forment encore
un out-crossing en cas d'union :

L'influence du milieu, si profonde il est vrai, suffirait
donc à différencier suffisamment deux individus consan-
guinés pour que leur produit ne supporte pas les inconvénients possibles de cette consanguinité.

En fait, la théorie de l'out-crossing atavique est fort séduisante, car, d'après les travaux de l'auteur australien
Bruce Lowe on trouve, comme je l'ai dit plus haut, pour
chefs de race trois étalons fort dissemblables :

Darley arabian, Byerley turk, Godolphin barb.

Quant aux origines féminines, Bruce Lowe note l'absence de sang arabe.

« Cela vient probablement — écrit-il — de la difficulté
« qu'il y avait au XVII⁰ siècle à se procurer de purs Arabes
« et surtout des juments. Il semble qu'à cette époque, les
« Arabes répugnaient à se dessaisir de leur bonnes fe-

« melles, afin de garder pour eux la suprématie de l'éle-
« vage. »

Mais parmi les 50 juments qu'il considère comme « têtes
de lignées femelles » dans son « figure-système », les sept
premières étaient d'origine barbe. Ces juments ont alors
servi d'out-cross et leurs descendants directs actuels peuvent encore, dans certains cas, être utilisés dans le même
but.

Il m'est impossible, puisque j'ai nommé Bruce Lowe
de ne pas faire de suite mention de son « figure-système ».
Mais auparavant, je dois noter que la base d'un système
de croisement quel qu'il soit, est évidemment la sélection
par les courses.

Il n'est guère possible, en effet, d'apprécier la valeur
du sang d'un animal que par la valeur des ancêtres qui
le lui ont transmis et la valeur d'un individu n'est sanctionnée que par l'épreuve. Il faudra donc de toute évi-
dence, puisqu'il faut apprécier la valeur des descendants,
se baser sur les résultats des compétitions dans lesquelles
ils ont été engagés et dresser en quelque sorte une statis-
tique de leurs succès.

Et c'est bien, en effet, sur les résultats des grands
« events » classiques que sont appuyés les deux systèmes
de croisements dont je vais essayer de résumer en quelques
lignes les principes.

Système de Bruce Lowe

Dans son livre « Breeding racehorse's by the figure système », Bruce Lowe présente aux éleveurs une théorie fort séduisante par sa simplicité et son originalité.

Il nomme les familles *d'après leurs origines féminines* et trouvant ainsi 50 juments ou « souches de familles » il les classe d'après le nombre de vainqueurs qu'elles ont produit.

Ce n'est donc pas la qualité des mères en course qui intervient ici, mais plutôt leur aptitude à produire des vainqueurs.

Ceux-ci sont jugés dans les trois grandes compétitions anglaises : Derby, Oaks et Saint-Léger, depuis leurs fondations en 1777, 1779 et 1780.

Les 50 familles sont classées par numéros de 1 à 50, les premières étant celles qui comptent le plus de gagnants, Bruce Lowe les divise en familles de « Sires » et familles de « Runnings ». Classification qui montre que la plupart des grands chevaux de course ont été produits par les familles 1, 2, 3, 4 et 5 et les étalons et les poulinières dont l'influence s'est fait le plus sentir dans l'ensemble de la production par les familles 3, 8, 11, 12, 14, il fait ressortir ensuite l'avantage qu'il y a à choisir des reproducteurs dans les lignées qui comportent le plus de gagnants.

L'ordre dans lequel sont classées les familles ne donne que leurs positions respectives au moment où Bruce Lowe a écrit son livre, mais il est susceptible d'être modifié avec le temps comme il le prévoit lui-même d'ailleurs.

Dans un petit opuscule où il commente le système de Bruce Lowe, M. de Salverte montre qu'il vaut encore mieux s'attacher à la tribu, c'est-à-dire à la « branche à succès » de la famille qu'à la famille elle-même, et il définit ainsi la tribu : « Le résultat d'une combinaison qui n'a pas « seulement réussi mais qui a conservé de par elle-même « assez de force de production pour devenir à son tour « une base utile dans une nouvelle combinaison. »

Il passe ensuite en revue les familles de Bruce Lowe et constate que certaines d'entre elles ne réussissent pas en France et subissent mal l'influence d'un milieu qui leur serait défavorable.

Point plus intéressant, il donne un aperçu des croisements avec lesquels chaque famille a le mieux réussi et complète ainsi le système par l'appréciation des résultats obtenus.

Système de Lottery

Je m'étendrai un peu plus longuement sur le système de Lottery parce qu'étant appliqué depuis 1913 au haras de Menneval, il entre directement dans le cadre de mon sujet.

Il apparaît, à première vue, comme plus mathématique et plus général que celui de Bruce Lowe.

1° parce que l'auteur tient compte dans ses «, dosages de sang », du degré d'éloignement des ascendants ;

2° parce qu'il est basé sur les résultats des principales courses françaises et anglaises ;

3° parce que Lottery, dans le choix des ascendants, ne tient pas compte de leur sexe, mais uniquement de la prépondérance de leur influence.

Ceci, sans vouloir diminuer en aucune façon le mérite de Bruce Lowe, ni vouloir pousser plus avant la parallèle, car mon inexpérience aurait mauvaise grâce à dresser l'un contre l'autre ces deux grands maîtres de l'élevage théorique, qui ont tous deux de nombreux partisans.

Le système de Lottery est basé sur la constation, faite par son auteur, de ce que les vainqueurs des principales grandes courses françaises et anglaises sont issus de parents et de familles différentes, mais qui tous contenaient une proportion, à peu près fixe, du sang des chevaux les plus illustres d'il y a un demi-siècle et plus.

En remontant à douze générations on trouve pour chaque sujet $2^{12} = 4096$ auteurs, les dosages des sangs des principaux auteurs seront donc appréciés par une fraction ayant pour dénomination 4096, soit N/4096.

L'examen des pédigrés fait ressortir qu'en dehors des trois chefs de la race pure, dont voici les dosages :

Hérod 750   Eclipse 568   Higflyer (1) 543
       ————   ————   ————
       4096   4096   4096

et dont les proportions tendent à se fixer par leur éloigne-ment, huit autres célébrités moins anciennes se retrouvent dans les papiers des vainqueurs récents. Ce sont :

Birdcatcher	300	Pantaloon	200
	4096		4096
Touchstone	300	Melbourne	150
(Une jument)	4096		4096
Pocahontas	300	Bay Middleton	120
	4096		4096
Voltaire	200	Gladiateur	120
	4096		4096

Lottery a établi également par la suite les dosages d'un certain nombre de grands animaux, intermédiaires entre la série *Hérod* et la série *Birdcatcher*, car il avait remarqué que certains produits bien constitués, munis d'un excellent mécanisme, remarquablement doués au point de vue *Hérod, Eclipse, Higflyer* et renfermant des sangs précieux, n'avaient pas toujours la qualité qu'on pouvait attendre d'eux, bien que la série Birdcatcher fut bonne.

---

(1) Si l'auteur choisit comme troisième grand ancêtre, à la place de Matchem, Higflyer c'est que le sang de celui-ci entre pour un plus fort coefficient que celui de Matchem dans les pédigrés actuels. La descen-dance de Godolphin barb n'est représentée dans son système que par Melbourne et Sorcerer.

Cette 3ᵉ série comprend :

Waxy	258	Tramp	114
	4096		4096
Orville	252	Walton	111
	4096		4096
Buzzard	208	Sorcérer	106
	4096		4096
Blacklock	162	Catton	64
	4096		4096

Les dosages de cette série ont d'ailleurs également dès à présent une grande tendance à la fixité absolue à cause de leur ancienneté.

Chacun des vainqueurs récents ayant des courants dé sang se rapprochant de ces proportions, pour arriver à produire des chevaux de grand ordre, il faut, non pas réaliser rigoureusement des dosages normaux, ce qui est impossible mais chercher à s'en rapprocher ; croiser par exemple une jument ayant 600 de Pocahontas au lieu de 300 ét 20 de Melbourne au lieu de 150 avec un étalon ayant très peu de Pocahontas et beaucoup de Melbourne.

Cette méthode est évidemment un peu ardue, mais son auteur en a facilité l'application, en établissant les dosages des principaux étalons français et anglais actuels et des grands étalons de la moitié du siècle dernier.

Pour arriver à établir ces dosages, Lottery a examiné

les pédigrées de tous les vainqueurs de France et d'Angleterre. Il y a fait un certain nombre de constatations plus générales et il commente chacune d'elles dans un chapitre de son « traité technique d'élevage ».

Il serait trop long de les rapporter ici, car notre but n'est pas d'entrer dans une analyse complète de l'ouvrage de Lottery, néanmoins il importe de donner encore quelques idées nécessaires à l'application de sa méthode.

Cette application consiste à établir le dosage d'une poulinière et d'un étalon et à voir si le dosage de leur produit cadrera avec le dosage normal.

Il arrive souvent que l'on doive aller assez loin pour trouver le nom d'une jument ou d'un étalon connu, les calculs sont alors fort longs, surtout en ce qui concerne la série *Hérod*.

Prenons un exemple : Soit à déterminer le dosage de *Ayrshire* dont voici le pédigré :

Ayrshire
{ Hampon
/ Atalanta { Galopin
/ Feronia { Thormanby
/ Woodbine { Stockwell
/ Honeysuckle

Les dosages de *Hampton, Galopin, Thormanby, Stockwell* et *Honeysuckle* (sœur de *Newminster*) figurent dans l'ouvrage de Lottery, il est donc inutile de remonter plus haut.

Pour calculer le dosage de *Ayrshire* il faut calculer

successivement les dosages de ses différents auteurs à partir du plus éloigné en procédant comme suit :

Woodbine

	1/2		1/2		
	Stockwel		Honeysuckle		
Hérod	$\dfrac{840}{4096}$	$+$	$\dfrac{608}{2}$	$=$	$\dfrac{724}{4096}$
Eclipse	$\dfrac{592}{4096}$	$+$	$\dfrac{528}{2}$	$=$	$\dfrac{560}{4096}$
Higflyer	$\dfrac{432}{4096}$	$+$	$\dfrac{416}{2}$	$=$	$\dfrac{424}{4096}$

Feronia

	1/2		1/2		
	Thormanby		Woodbine		
Herod	$\dfrac{716}{4096}$	$+$	$\dfrac{724}{2}$	$=$	$\dfrac{720}{4096}$
Eclipse	$\dfrac{708}{4096}$	$+$	$\dfrac{560}{2}$	$=$	$\dfrac{674}{4096}$
Higflyer	$\dfrac{584}{4096}$	$+$	$\dfrac{424}{2}$	$=$	$\dfrac{504}{4096}$

Atalanta

	1/2		1/2		
	Galopin		Feronia		
Herod	596	+	700	=	578
	4096	×	2		4096
Eclipse	600	+	634	=	617
	4096	×	2		4096
Higflyer	496	+	504	=	500
	4096	×	2		4096

Ayrshire

	1/2		1/2		
	Hampton		Atalanta		
Herod	753	+	758	=	753
	4096	×	2		4096
Eclipse	561	+	617	=	589
	4096	×	2		4096
Higflyer	520	+	500	=	510
	4096	×	2		4096

Comme on le voit ce calcul ne laisse pas que d'être assez compliqué, il faut de plus pour l'établir posséder tous les stud book français et anglais et une bibliothèque de sport assez complète pour pouvoir rétablir les pédigrés à un degré assez éloigné.

Quant au résultat de la méthode : un cheval ayant un

dosage se rapprochant de la normale, peut être un mauvais cheval de course. C'est un simple calcul de probabilités que l'auteur a établi là, mais l'éleveur qui l'applique aura toujours la satisfaction de n'avoir rien négligé de ce côté-là.

Notons que ce calcul est encore assez bon puisqu'au haras de Menneval il a donné naissance à quatre chevaux de bonne classe.

L'Etalon

Son choix est très important, car si l'étalon transmet bien ses qualités, il transmet également bien ses défauts.

On tiendra compte en premier lieu du pédigrée et des performances.

Du Pédigrée : pour qu'il soit en rapport avec celui des juments avec lesquelles on veut le croiser. Des performances : parce que contrairement à ce qui se passe pour les juments, un étalon qui a beaucoup couru est en général un bon reproducteur ; cela prouve en plus qu'il est résistant et qu'il a des qualités de vitesse et de fond, pouvant se transmettre à ses produits.

Pour que ces qualités puissent se transmettre, il faut qu'il possède en plus la puissance héréditaire ou « aptitude à tracer ».

C'est une aptitude qui ne peut guère se deviner physiquement et on ne peut la constater qu'au bout de trois ou quatre ans, si l'étalon a bien produit au haras, mais il semble qu'elle ait plus de chances de se manifester si l'étalon a bien le cachet de son père et paraît par là apte à continuer la lignée.

Le modèle a peu d'importance, chaque famille, chaque lignée ayant son type particulier.

Au point de vue conformation, il faut avant tout veiller à ce que l'animal puisse se reproduire.

On recherchera en plus chez lui tous les détails d'extérieur indiquant l'aptitude à courir :

Poitrine développée

Epaule longue et musclée

Avant-bras long très développé et très musclé

Rein court et large

Croupe large et longue un peu oblique

Grand développement de la cuisse et de la jambe

Jarrets forts

Tendons bien détachés

Pieds bien conformés, etc...

Les chevaux ayant des aplombs défectueux (1) ou des tares devront être absolument rejetés de la reproduction, à moins que ces tares ne soient la conséquence d'accidents ou de fautes commises pendant l'entraînement.

Enfin, il est bon de s'assurer avec le plus grand soin de l'intégrité du cœur, du poumon et en général de tous les organes vitaux.

L'étalon du haras de Menneval est actuellement *Pilliwinkie* ; il fut acheté en 1913 aux ventes de Newmarket sur les conseils de Lottery, qui a publié sur lui une étude très complète dans le numéro du jockey du 31 décembre 1913.

---

(1) Exception faite à ce point de vue pour les brassicourts.

Voici le pédigrée de *Pilliwinkie* :

Pilliwinkie	**William The third**	St. Simon	Galopin	Vedette { Voltigeur / Miss ridgway
				Flying dut-chess { Flyng dutthmann / Merope
			Saint angela	KING TOM { Harkaway / POCAHONTAS
				Adeline { Ion / Little fairy
		Gravity	Wisdom	Blinkhooli { RATAPLAN / Queen Mary
				Ahne { STOCKWELL / Jeu d'esprit
			Enigma	The rake { Wild Dairell / England's beauty
				The sphinx { Newminster / Madame Stodare
	Conjure	Juggler	Touchet	Lord Lyon { STOCKWELL / Paradigme
				Lady Audley { Wild Dayrell / Dam of little red rowe
			Enchantress	Scottisch-chief { Lord of the Isles / Miss Ahn
				lady love { Blair athol / Wergissmein nicht
		Connie	Pero gomez	Beadsman { Weatherbit / Mendicant
				Salamanca { Student / Bravery
			Hilarity	KING TOM { Harkaway / Pocahontas
				Nightingale { Moutain dear / Clarindor

Voici, de plus, les dosages de Pilliwinkie établis d'après le système de Lottery :

Série Herod	Eclipse	Higflyer
771 1/2	565	522 1/2

Série Waxy	Orville	Buzzard	Blacklock	Tramp
286	276	169 1/2	200	172

	Walton	Sorcerer	Catton	
	84	108	48	

Série Birdatcher		Touschtone	Pocahontas	Woltaire
240		352	480	128

Pantaloon	Melbourne	Bay Middleton		Gladiateur
64	32	224		80

William the third, le père de *Pilliwinkie* était un étalon de grande classe et fut un excellent performer ; il prit part à quatorze épreuves et en gagna dix, non des moindres. Il possédait une bonne vitesse mais se montra surtout excellent stayer.

Conjure (par *Juggler* et *Connié*) mère de *Pilliwinkie*, prit part à des épreuves de plat et d'obstacle et y gagna des courses modestes. Elle eut d'autres produits remarquables par leur vitesse, aptitude qui doit venir en partie de *Juggler*. Ce cheval était en effet un sprinter remarquable.

Performances de Pilliwinkie

Sur les six courses auxquelles il prit part à deux et trois ans, il remporta deux victoires, se classa deux fois second et une fois troisième.

Il débuta à Newmarket sur les 1.000 mètres des « Triennial Produce Stakes » et y triompha de sept concurrents, battant d'une encolure *Cantilever*.

Moins heureux quinze jours plus tard dans les « Prendergast Stakes », il fut désavantagé au lever des rubans et finit troisième.

A trois ans, dans le « Newmarket Biennal » (1.600 mètres) il trouva une résistance acharnée dans *Nassau* qui, avantagé de onze livres, réussit à le battre d'une demi-longueur.

Il ne fut pas plus heureux dans l' « Hasting Plate » (2.000 mètres) où il eut pour excuse d'être resté sur place lors du départ.

Mais un mois après il triompha dans l' « Ascot Derby » (2.400 mètres) devançant de plus de dix longueurs son vainqueur de la course précédente et courant la distance en 2' 32".

Cette victoire le classait comme le favori des « Princess of Wales Stakes », mais il claqua d'un tendon au moment de l'effort et finit complètement boiteux.

Produits de Pilliwinkic

Il donna après la guerre plusieurs produits intéressants, parmi lesquels je citerai *Seddul-Bahr* (par *Silent Jenny*), *Rodia* et *Roskild* (tous deux par *Roseen Dhu*), *Petit palais* (par *Palme d'or*), *L'Escurial* (par *Sinte*), et *Libre pillard* (par *Libertad*), enfin, *Esonos* et *Crépitement* (par *Céréderes Victos*).

Ces divers produits rapportèrent en plat   577.740 fr.
En obstacle et seulement pour mémoire,
Sugana et *Sylphide* rapportèrent ensemble   84.079 fr.

Total ....   661.919 fr.

(Ce chiffre ne compte que pour quatre ans de courses, de 1918 à 1922, dont une en période de guerre).

Terminons en disant que *Pilliwinkie* est un cheval bai foncé de 1^{m}67, longiligne harmonieux, très soudé, portant beau, parfaitement d'aplomb et possédant une rare puissance dans ses leviers d'arrière-main.

Hygiène de l'Etalon

EXERCICE

Un exercice sérieux permet de le maintenir en bonne
santé. Il comporte le travail à la longe et la promenade en
main. Autrefois on promenait le cheval monté dans des
chemins peu fréquentés, seul ou accompagné, mais le pur-
sang étant un animal brutal et trop facilement excitable,
on y a renoncé plutôt que de risquer une blessure ou un
accident.

Le matin de bonne heure, après le pansage, on lui fait
faire une promenade en main d'une heure s'il fait beau,
s'il pleut on le fait travailler à la longe ; l'après-midi, on
le fait travailler trois quarts d'heure à la longe ou au
manège ; ce travail s'effectue à allure modérée et dans les
deux sens. Dans la belle saison on ajoute une petite promenade au pas d'un quart d'heure

ALIMENTATION

Les repas lui sont donnés à heures fixes trois fois par
jour, à six heures du matin, à midi et à dix-sept heures.

Durant la saison de monte (février à fin mai) on lui donne comme nourriture :

Avoine : 5 kilos.

Son frisé : 2 litres.

Bon foin : 7 kilos.

Bien que, à Menneval, les rations soient établies d'après les données de l'expérience, voici la teneur en matières digestibles, la valeur nutritive exprimée en unités, amidon, et la ration nutritive de ces aliments (établies d'après le tableau de O. Kellner).

Quantités	Aliments	Proteines	Matières grasses	Extractifs non azotés	Cellulose	Valeur nutritive
5 kgs 2 l. : 500 g. 7 kgs	avoine son fisée foin	400 64,3 278	440 40,7 334	2240 202,5 1799	120 10,5 1050	2985 240,5 2170
	ration totale	342,3	634,70	4241,5	1190,5	5395,5

Relation nutritive : 1/6,8.

Deux fois par semaine, au repas du soir on donne des mashes, rafraîchissant composés de : avoine-son-graines de lin.

De plus, chaque semaine on donne en purgation légère, une poignée de sulfate de soude.

En dehors de la saison de monte, la ration est légèrement réduite (ration d'entretien), on ne donne plus que :

Avoine : 4 kilos.

Foin : 5 à 6 kilos.

On y adjoint des mashes tous les deux jours.

Au début de la saison de monte, après avoir mis l'étalon à la demi-diète en ne lui donnant que des barbottages, on lui administre un bol purgatif à base d'aloès, le même traitement est institué à la fin de la saison de monte.

PANSAGE

Toujours très soigné, on a soin de laver le tour des yeux, les naseaux, les bords de l'anus et les organes génitaux, on veille à ne pas énerver l'animal aux endroits sensibles. C'est d'ailleurs toujours le même homme qui s'occupe de l'étalon, il lui faut beaucoup d'adresse et de calme et aussi de fermeté pour savoir réprimer à temps toute tentative de méchanceté.

FERRURE

Les pieds sont ferrés très légèrement pour éviter l'usure et conserver l'aplomb.

SAILLIES

Au début, on ne fait saillir que tous les deux ou trois jour, au bout d'une semaine, l'étalon peut saillir tous les jours, mais deux heures au moins après le premier repas et un exercice d'une demi-heure, ensuite on le remet dans son boxe et on le laisse seul.

Les Juments

Il paraît difficile de nier l'influence de la jument sur
la production d'un haras, puisqu'elle en est en quelque
sorte la base primordiale. On comprendra de suite l'importance de cette influence en pensant seulement qu'elle
est à la fois, et d'ordre atavique, et d'ordre physiologique,
sans que nous ayons besoin d'insister davantage.

De cela, il découle tout naturellement que le choix de
la jument est aussi important que celui de l'étalon.

On examinera d'abord :

—*Le Pédigrée :* en y recherchant les noms de poulinières
ayant elles-mêmes bien produit ; des courants de sang en
vogue ; des inbreeding sur des noms connus ; et aussi, en
tenant compte des méthodes d'élevage que l'on se propose
de suivre.

Les performances : ont beaucoup moins d'importance,
certains considèrent même que l'entraînement intensif use
le tempérament des pouliches et en fait des poulinières
dégénérées.

A Menneval, les poulinières courent à deux et trois ans
et si elles ne font pas bonne figure ou accusent une fati-
gue tendineuse ou osseuse, elles sont ramenées au haras.

L'âge est également intéressant à considérer. D'après ses statistiques, S.-F. Touchstone assure que dix ans serait l'âge le meilleur et que la période la plus favorable s'étendrait de neuf à quatorze ans.

La conformation donne aussi des indications précieuses ; la taille n'a qu'une importance relative ; l'ampleur, la largeur des hanches et du bassin, la profondeur des dernières côtes, leur forme arrondie sont les caractéristiques d'une bonne poulinière, il est rare qu'une jument légère dans son arrière-main et serrée dans ses hanches donne de bons produits.

Rechercher, enfin, une bonne aptitude laitière. Celle-ci, un peu inhérente au caractère féminin, plus ou moins accusé de la jument, se développerait, paraît-il, plus facilement quand le squelette n'est pas encore fixé d'une façon définitive lors de la première gestation (4 ans environ).

EFFECTIF ACTUEL DU HARAS

Voici résumé dans un tableau l'effectif actuel du haras de Menneval, on trouvera à côté du nom de chaque jument, d'abord ses origines ou tout au moins le nom de son père, sa date de naissance, le nom des produits intéressants dont elle peut se réclamer et, enfin, quelques observations sur la régularité de production et le sexe des produits.

NOM	ORIGINE	Date de nais- sance	PRINCIPAUX PRODUITS	OBSERVATIONS
Pour l'attaque	Saint Bris Penguin	1913	Papeto 50.000 en plat Pifero 40.000	Depuis 1919 a produit régulièrement 5 poulains, 4 pouliches
Le Retraite	Saint Bris Roseen Duh	1913		Production très régulière 4 mâles 6 femelles
Grande Champagne	Pilliwinkie La Guecha	1916	Gandourah	
Royale brioche	Brio Royale Step	1908	Bécassine Bieque	
Oriane	Childwick Common dam	1910	Oli ir us	
Mme de Sévigné	Pilliwinkie Silent Jenny	1919	Sganarelle	
George Sand	Mon Général La Guecha	1919	Goddy	Production très régulière
Minieh	Mimosa Une fille de Gallinul-	1914	Produit minier Maceite	Produit régulièrement des pouliches
Dormelles		1917		Production très irrégulière
Pavane	Prince palatin La Plata	1922	Plaise à la cour	
Peseta	La Farina La Plata	1920		
La Redowa	Pilliwinkie La Retraite	1921		
Hedera	Hermandas Faucheur	1920		
Micoloule	Macdonald 2 Magali	1914		Achetée récemment
Biscarosse	Ex voto II Bellamy	1921		
Porte de Gaza	Pilliwinkie Gaba tepe	1922		
Négresse blonde	The Boss Nevitte			

HYGIENE DES JUMENTS POULINIERES

Il est inutile d'insister sur l'importance et sur la répercussion médiate que les soins prodigués à la mère peuvent avoir sur la santé future du jeune, aussi bien avant qu'après la naissance, jusqu'au sevrage. C'est là une question de bon sens « familial », si j'ose dire, qui n'échappe à personne.

ALIMENTATION

L'alimentation en particulier a une grande influence. Il ne faut pas oublier que la mère doit assimiler pour elle et pour son produit, ne pas perdre de vue qu'elle doit pouvoir lui apporter les éléments complémentaires nécessaires à la constitution de ses tissus, à sa croissance (sels minéraux, vitamines, etc...)

C'est d'ailleurs pourquoi l'élevage du cheval de pur-sang n'est possible que sur des terres complètes, riches, dont les végétaux ont des teneurs normales en éléments nutritifs principaux et accessoires (sels minéraux et en particulier phosphates).

Il est bon de noter ici que l'emploi judicieux d'un engrais ou d'un amendement peut, en modifiant la composition des végétaux cultivés, jouer un rôle de premier plan dans le rétablissement de l'équilibre des rations si celui-ci était compromis du fait de la nature du sol, en apportant l'élément déficient sous une forme naturelle et bien souvent, beaucoup plus facilement assimilable que dans n'importe quel médicament.

Notons par ailleurs que, chez une poulinière, l'état de graisse aussi bien que l'état de maigreur peut nuire au développement du produit.

Pour l'établissement des rations, plusieurs cas sont à considérer, suivant qu'il s'agit de juments pleines et non suitées, de juments suitées ou de juments vides.

1° *Juments pleines et non suitées*

On les laisse à l'herbe et sans avoine dans des herbages de première qualité bien entendu, du 1er juin au 1er octobre.

Si l'herbe fait défaut, on la remplace par la ration ci-dessous :

	Protéine	Matières grasses	Matières non azotées	Cellulose	Unités nutritives
Avoine 2 à 3 litres	120	132	672	39	895,5
Son 2 litres	64,5	40,7	202,5	10,5	240,5
Bon foin 2 kgs	135	55,5	64,25	37,5	77,5
ation totale	319,5	228,2	938,75	87,0	1213,5

Relation nutritive 1/4.

A partir d'octobre on ne lâche jamais les juments dans la gelée blanche, l'ingestion d'herbe froide et mouillée pouvant provoquer l'avortement ; on donne alors le matin, avant de sortir :

Avoine aplatie : 4 litres.
Son : 3 litres.

Je n'ai pas calculé les éléments théoriques de cette ration, car je la considère comme purement complémentaire.

La jument doit pouvoir boire à volonté.

Le soir, en rentrant, on donne encore 2 à 3 kilos de foin à discrétion. Tous les deux jours, 5 à 8 litres de mashes composés de :

Seigle bouilli : 4 litres.
Avoine bouillie : 4 litres.
Graines de lin : 1/2 litre.

Le tout bien humide.

2° *Juments suitées*

Après le poulinage, pendant six à sept jours, on ne donne plus de grains/cuits, très peu d'avoine, surtout des rafraîchissants. Toutes les trois heures, pendant quatre jours un barbotage tiède :

1 litre de son, 1 litre de farine d'orge, 4 litres d'eau.

On commence à donner du foin vers le dixième jour, au moment des premières chaleurs, on revient ensuite au régime ordinaire.

3° *Juments vides*

La ration est moins forte, c'est strictement une ration d'entretien :

Par jour : avoine : 4 litres.

foin : 7 à 8 kilos.

Avant de les faire saillir, on leur administre un bol purgatif à base d'aloès après les avoir laissées un ou deux jours à la demi-diète.

EXERCICES ET SORTIES

Les juments sont en liberté à l'herbage tous les jours de 8 heures à 17 heures durant la belle saison, de 9 h. 1/2 à 15 heures durant la mauvaise. Pendant les grosses chaleurs, on les rentre de 11 heures à 14 h. 1/2, bien que, en général, elles puissent trouver des abris dans les herbages, la rentrée au milieu du jour permet de leur distribuer, ainsi qu'aux poulains, un troisième repas.

RETOURS D'ENTRAINEMENT

Il faut veiller à ce que le passage d'un régime à l'autre ne se fasse pas brusquement. Les juments qui reviennent de l'entraînement sont peu à peu rationnées et on veille à ce qu'elles prennent de l'exercice.

PANSAGE

On ne panse pas les juments poulinières, afin de leur permettre de résister plus efficacement aux intempéries ?

ENTRETIEN DES PIEDS

Consiste surtout à régler l'usure des sabots et empêche la déformation des membres. Si la sole est délicate ou sensible ou la corne faible, on applique des fers légers. Les juments qui reviennent de l'entraînement gardent aussi des fers pendant quelques mois.

SAILLIES

La saison de monte va de février à juin. Quand les juments ne poulinent pas avant le mois de février, on les présente à l'étalon dès qu'elle entrent en chaleur (du 7e au 12e jour). Quand la première saillie est restée sans résultat on le fait revoir par l'étalon tous les neuf jours pendant un mois, puis tous les vingt et un jours de tous les mois, jusqu'à la fin des chaleurs.

On utilise, lors de la présentation, le tord nez pour maintenir les juments et on entrave les membres postérieurs pour les empêcher de ruer.

FÉCONDATION ARTIFICIELLE

Voici ce que, à ce sujet, on a l'habitude de faire au haras de Menneval. Actuellement on essaie la fécondation artificielle sur toutes les juments stériles ou difficiles à remplir. Les résultats sont en général assez bons. La méthode employée est la suivante : Avant la saillie, on se rend compte de l'état du vagin en l'examinant au moyen d'un spéculum ; au besoin, on le nettoie et l'assèche proprement avec du coton hydrophile. Après la saillie, on recueille au moyen de l'injecteur la semence qui est naturellement déposée dans la cavité vaginale. Ensuite, on introduit le bout de la canule de l'injecteur aussi profondément que possible, sans toutefois blesser la jument et on injecte dans l'utérus une certaine quantité de sperme. On retire l'instrument et on s'assure que le sperme est bien resté dans l'utérus, puis on coiffe le col de celui-ci avec un tampon d'ouate. On laisse la jument au repos pendant le reste de la journée.

Il faut s'efforcer de maintenir la liqueur séminale à 37 ou 40° et ne jamais là mettre en contact avec un instrument malpropre ou non à cette température.

Cette méthode est critiquable à beaucoup de points de vue. Le Professeur Iwanow, de Moscou, en a fait ressortir les nombreux inconvénients dans une communication à la société centrale de Médecine Vétérinaire.

Il lui oppose une méthode beaucoup plus rationnelle et présentant un principe nouveau intéressant par ce fait que la vitalité des spermatozoïdes est conservée pendant beaucoup plus longtemps (24 heures) et cela même à des températures très basses (1° ou 2°) lorsqu'on les met en présence d'un liquide favorable à l'entretien de leur vitalité (Sérum Physiologique, liquide de Lock-Ringer).

Tout d'abord la totalité du sperme est recueillie par introduction, avant la saillie, dans le vagin de la jument d'une petite éponge très fine, soigneusement stérilisée. Après la saillie, l'éponge imbibée de liquide séminal est soigneusement pressurée. Le sperme est injecté dans l'utérus au moyen d'une seringue et d'un cathéter élastique à canal étroit et à extrémité pointue. L'opération est faite bien entendu avec des instruments soigneusement stérilisés, l'éponge après stérilisation par séjour d'une demi-heure dans une solution d'alcool éthylique à 70 % est soigneusement pressurée, lavée à l'eau bouillie froide et imbibée à plusieurs reprises d'une solution de sucre et de chlorure de sodium :

1 partie de sérum physiologique ;
9 parties de solution de sucre à 9 %.

Les instruments métalliques sont flambés et les cathéters et seringues stérilisés dans un courant de vapeur.

La quantité de sperme obtenue par cette méthode peut atteindre 300 centimètres cubes, en moyenne elle est de 100 centimètres cubes, la dose d'injection est de 10 centimètres cubes. Cette méthode permet donc de féconder environ dix juments avec la semence d'une seule saillie.

Le pourcentage des fécondations et des naissances est d'après les statistiques du professeur Iwanow, supérieur à celui obtenu ordinairement dans les stations de monte et peut atteindre 78 à 79 %.

Si cette méthode était employée systématiquement et

non en dernier ressort pour essayer d'obvier à l'infécondité elle aurait une influence énorme sur l'élevage des animaux sélectionnés.

Le fait de pouvoir féconder 300 à 500 juments chaque année donnerait à la descendance de l'étalon une ampleur considérable et en outre des avantages qui en résulteraient pour le propriétaire de l'animal, du fait de l'augmentation du nombre des services de celui-ci, permettrait une diffusion beaucoup plus grande des courants de sang intéressants.

Nous ne dirons rien de particulier sur l'état de gestaiton, non plus que sur la mise-bas. Les précautions, soins, pratiques, mises en œuvre à Menneval, ne diffèrent en rien de celles pratiquées dans les autres haras. Les poulinières qui vont arriver à terme sont placées dans les boxes de la maternité où leur surveillance est plus facile, leur isolement plus rigoureux et où tout est prêt pour permettre d'intervenir en cas d'accident.

Les Poulains

L'élevage des poulains de pur-sang est d'une pratique fort délicate mais aussi fort intéressante. Il exige des soins assidus pour plusieurs raisons. D'abord du fait de la délicatesse du jeune animal, inhérente à la sélection de la race, ensuite de par la nécessité d'amener à Deauville des produits absolument exempts de tares pathologiques ou accidentelles et parvenus au plus haut degré de développement (précocité).

Leur hygiène devra donc être absolument parfaite, minutieusement étudiée, car c'est d'elle que dépendra en grande partie la bonne santé et la résistance nécessaire au Yearling pour supporter d'abord, les fatigues de l'entraînement et ensuite celles des compétitions.

La prophylaxie des maladies contagieuses ou sporadiques jouera aussi un rôle de premier plan, nous en avons déjà parlé et nous aurons encore l'occasion d'en relever l'importance à propos de diverses pratiques d'élevage : isolement des juments lors de la parturition dans des boxes spéciaux ; désinfection de la région ombilicale qui constitue une voie très importante de l'infection microbienne, rôle du colostrum maternel.

Avant la guerre, on élevait à Menneval les poulains un peu « à la dure », les sortant hiver comme été et même par temps de pluie, dans le but de les aguerrir, mais on a dû revenir de cette méthode. L'accoutumance doit être plus progressive et les méthodes brutales ne peuvent que nuire au développement du jeune.

SOINS A LA NAISSANCE

Dès que le produit est expulsé, le cordon ombilical se rompt de lui-même, surtout si la jument est restée debout. Il est néanmoins indispensable d'y pratiquer une double ligature à environ deux centimètres de l'ombilic et de le sectionner entre les deux. On lave ensuite soigneusement la plaie ombilicale avec une solution antiseptique et on la badigeonne de teinture d'iode. On aurait aussi recours avec avantage à l'application d'un pansement antiseptique maintenu en place par un tampon d'ouate et une bande, ou une enveloppe de dextrine.

Ces soins sont indispensables, car la mortalité consécutive aux infections par voie ombilicale est très importante; de plus des affections chroniques graves, à manifestations souvent tardives, se réclament de cette voie d'invasion (maladies des nouveaux-nés, arthrites infectueuses des poulains).

Dès que le produit est arrivé au jour, il faut aussi surveiller de très près sa respiration. Il arrive en effet fréquémm.ent qu'on soit obligé d'intervenir en désobstruant les cavités nasales encombrées par le mucus, en provoquant des réflexes d'ébrouement, ou même en pratiquant la respiration artificielle.

On a l'habitude de placer ensuite le jeune devant sa mère qui le lèche et le débarrasse ainsi des matières qui le recouvrent. Si elle ne le lèche pas spontanément, on l'y invite en saupoudrant de son le corps du foal.

Généralement, dans la première demi-heure, le poulain se met debout et se dirige d'instinct vers les mamelles de la mère. S'il est faible et ne veut pas boire, il faut l'aider en le soutenant, lui appliquer les lèvres au trayon et faire tomber dans sa bouche quelques gouttes de lait, il se met alors à téter de lui-même.

ALIMENTATION

L'étude de l'alimentation du poulain est assez complexe ; elle comporte d'abord une indication primordiale, c'est l'absorption du colostrum maternel, ensuite l'allaitement naturel ou artificiel, ainsi que l'administration de certains aliments ou médicaments adjuvants, à action généralement antirachitique, enfin à partir d'un certain âge, l'administration d'aliments complémentaires en quantité croissante, visant à l'accoutumance progressive vers le sevrage.

ABSORPTION DU COLOSTRUM MATERNEL

Longtemps, on n'a attribué au colostrum qu'une action purgative nécessaire à l'évacuation du méconium et aussi du rôle nutritif important du fait de sa grande richesse en matières azotées et en sels minéraux. Il est bien certain que l'alimentation lactée n'étant que le prolongement de la nutrition placentaire, la richesse du colostrum lui permet de jouer à ce point de vue le rôle d'élément de transition en répondant directement aux besoins impérieux du jeune organisme : la corrélation entre la composition du lait et ces besoins étant d'autant plus étroite et d'autant plus nécessaire qu'on l'envisage plus près de la naissance.

Mais le colostrum possède de plus des propriétés immunisantes qui protègent efficacement le jeune contre les affections microbiennes banales, c'est un précieux vecteur des anticorps engendrés par l'organisme maternel dans sa lutte contre les infections des germes du milieu ambiant. Quand la mamelle entre en fonction, ces anticorps passent très rapidement dans le lait et leur action immunisante est encore favorisée par le fait que pendant les huit premiers jours, l'intestin du jeune possède la perméabilité nécessaire au passage de ces éléments immunisants.

L'on comprendra donc facilement que le jeune doive, de toute nécessité absorber le colostrum, et même, de façon plus étroite, le colostrum secrété par la mamelle de sa propre mère, comme étant le plus propre à le défendre contre les affections étroitement inhérentes à son milieu immédiat.

ALLAITEMENT

L'allaitement constitue tout naturellement la première alimentation du jeune. L'allaitement maternel est, bien entendu, la meilleure méthode, la seule à employer sauf dans le cas d'impossibilité absolue. Si la mère est mauvaise laitière on lui donnera avec avantage des aliments azotés facilement digestibles et aqueux, farines en barbottages, grains concassés, féverolles et lentilles gonflées dans l'eau tiède. Proscrire absolument toute boisson froide ; éviter les écarts de régime ; interdire l'utilisation de résidus industriels suspects ou nuisibles et d'aliments avariés.

Pour augmenter le lait, certains auteurs préconisent encore les injections de sérum Hayem, 500 à 700 centimètres cubes tous les matins.

S'il est impossible que le jeune reçoive le lait maternel, par suite de la mort de la poulinière, de sa méchanceté, de sa déficience mammaire, ou encore en cas de naissance double, on devra recourir à l'allaitement artificiel.

C'est néanmoins une méthode délicate, qui réclame beaucoup d'attention pour régler la quantité de lait, et obtenir la propreté absolue nécessaire pour éviter l'infection intestinale.

Voici la méthode employée à Menneval :

On utilise le lait de vache cru ou bouilli, distribué dans

un plat ou à l'aide du biberon mural Massenat, on ne fait bouillir le lait que lorsqu'on craint la fièvre aphteuse.

On donne régulièrement toutes les deux heures et au moins trois fois dans la nuit. On ajoute petit à petit 2, 3, 4 et jusqu'à 8 œufs frais par jour, écrasés et mélangés dans le lait. A deux mois on commence à donner des grains cuits ou des mashes, on administre également des rafraîchissants, carottes cuites ; barbottages clairs ; on supprime alors progressivement l'allaitement nocturne, ainsi que les œufs. Quand les poulains sont bien habitués à la nourriture solide on donne le lait seulement le matin et le soir. Il faut compter environ dix litres de lait par jour.

On a évidemment intérêt à employer le lait de vache comme étant celui qu'on se procure le plus facilement. Mais comme par sa composition moyenne il diffère sensiblement de celui de la jument, il faudrait le corriger.

Le lait de vache contient plus de matières azotées et de matières grasses, et moins de lactose que le lait de jument et la correction la meilleure et la plus simple, préconisée par le Professeur Dechambre, dans la « Revue de Zootechnie », consiste à y ajouter par litre :

300 grammes d'eau bouillie ;

20 grammes de sucre.

L'emploi du lait écrémé n'est pas à recommander pendant la première période de l'allaitement, c'est-à-dire celle pendant laquelle le poulain ne reçoit aucun aliment complémentaire.

ADJUVANTS DE L'ALIMENTATION LACTEE
ACCOUTUMANCE VERS LE SEVRAGE

On préconise, comme nous l'avons vu plus haut, l'administration d'œufs crus, mais on donne aussi contre le rachitisme, huile de foie de morue, farine Lavocat, poudre de lait, etc...

Notons que souvent à l'époque des chaleurs de la poulinière, le jeune présente quelques diahrrées. On y obvie en mettant d'abord la poulinière au régime sec et en donnant au jeune des grains cuits auxquels on ajoute un peu de bicarbonate de soude ou même de sulfate de soude.

Au fur et à mesure que le poulain avance en âge on lui donne progressivement des aliments additionnels ; pour cela, il existe dans les boxes une petite mangeoire à son usage personnel et on attache la mère au moment des repas.

A partir du deuxième mois, on commence à donner de l'avoine concassée, d'abord quelques poignées, puis un demi-litre, et on augmente progressivement la dose de manière à ce que le poulain arrive à manger quatre à cinq litres au moment du sevrage. Certains auteurs préconisent de donner autant d'avoine que le poulain a de mois d'âge, mais les gros mangeurs seuls arrivent à absorber cette dose.

On donne des mashes tous les deux jours, de façon à

rafraîchir le poulain quand le lait de la mère vient à di-minuer.

Si le poulain maigrit par manque de lait de la mère, on tâchera d'augmenter les facultés de production de celle-ci par tous les moyens que nous avons envisagés plus haut. Si cette action indirecte reste sans effet, on surveillera de très près le fonctionnement de l'appareil digestif du jeune, on administrera avec avantage poudre de lait, thé de foin, huile de foie de morue, etc...

Au mois de juillet, on effectuera un premier traitement vermifuge à base de :

Essence de thérébentine : 1 partie

Huile : 4 parties

à dose de une cuillerée à soupe tous les matins pendant dix jours.

SORTIES

Si la température est favorable et le jeune assez vigoureux, on peut le sortir dès le troisième jour en compagnie de sa mère dans un petit pré proche des écuries, d'abord pendant une heure, puis pendant deux heures. Plus tard sa mère et lui vont rejoindre le lot des juments suitées.

HYGIENE DES PIEDS

Après l'alimentation, ce qu'il faut surveiller surtout chez le jeune poulain, c'est l'hygiène des pieds. Les mauvaises conformations des membres et défectuosités d'aplomb sont dues souvent à ce que les pieds des poulains ne sont pas entretenus dès le début.

S'assurer d'abord que l'appui se fasse bien d'aplomb, il arrive assez fréquemment que les poulains aient les talons très hauts et usent beaucoup en pince. Il faudra alors parer à fond les talons sans toutefois les rendre sensibles.

La chose n'est pas toujours facile, on devra avoir recours à un maréchal adroit et expéditif secondé par des aides vigoureux mais non brutaux. On pourra, si la corne est sensible, sèche ou pousse mal, ferrer très légèrement.

DRESSAGE

Le dressage ou plus exactement l'apprivoisement du jeune poulain est absolument indispensable ; il devra être commencé dès le début. On les flatte, on les caresse, on essaye de leur lever les membres et de leur prendre les pieds ; à Menneval on leur met dès le troisième jour un léger licol.

On arrive à avoir ainsi des animaux maniables qui se laissent facilement approcher sans risquer de se tarer et de mettre tout le monde hors de combat.

Les débuts de la conduite à la longe ne sont généralement pas très aisés, il faut opérer derrière la mère et laisser faire le poulain jusqu'à ce qu'il retrouve de lui-même le sens de la marche normale, généralement au bout de deux ou trois séances il se laisse conduire facilement.

SEVRAGE

Le sevrage est effectué généralement vers le sixième mois, nous avons vu que au point de vue alimentaire, il est progressif, ceci est, bien entendu, indispensable pour permettre à l'appareil digestif du jeune de s'accoutumer progressivement à la nourriture.

Au point de vue moral, le fait pour le jeune d'être séparé de sa mère, provoque chez lui une crise assez pénible, qui a beaucoup de répercussion sur son état général, au moins pendant une semaine. On pourrait observer qu'il serait loisible d'atténuer la violence de cette crise en accoutumant progressivement le jeune à rester séparé de sa mère de plus en plus longtemps ; on a essayé cette méthode à Menneval, mais on a dû l'abandonner comme ne donnant pas le résultat qu'on aurait pu en attendre.

Au fond, il est possible que les séparations répétées énervent la jument et le poulain et qu'il vaille mieux en finir brusquement.

D'ailleurs, cette séparation s'accompagne pour les élèves du haras de Menneval d'un dépaysement encore plus complet, puisque M. Dauger envoie les poulains chez son frère au haras de Giel, pour y terminer leur élevage.

La crise qui résulte de l'acclimatement n'est en général ni grave ni longue, les poulains sont groupés ensembles à raison de deux à trois par boxes et on les sort également par groupe de quatre ou cinq dans les herbages en les classant autant que possible par taille. Leur sociabilité leur fait rapidement perdre le souvenir des soins maternels.

Nous aurions tort à ce point de vue de les taxer d'ingratitude, car ce noir sentiment dépasse certainement la capacité de leur petite cervelle.

CONCLUSIONS

Si j'arrête brusquement ce travail à la période du sevrage, c'est que là aussi s'arrête l'élevage au haras de Menneval. M. le Comte Dauger et son frère, M. le Vicomte Dauger, ayant associé leurs haras de Menneval et de Giel suivant une méthode un peu analogue à celle de l'élevage percheron. En fait, l'un est « naisseur » et l'autre « éleveur ».

Néanmoins, l'examen détaillé des nombreuses difficultés rencontrées jusque-là dans la reproduction et l'élevage du pur-sang, tels qu'on les pratique à Menneval fait, je l'espère, suffisamment ressortir tout d'abord la complexité et la variété des problèmes que doit résoudre l'éleveur. Il a pour y parvenir à la fois des solutions théoriques et un grand moniteur : l'expérience pratique.

La ligne directive de la production des jeunes est donnée comme nous l'avons vu, par la « méthode de Lottery ». Elle intervient dans le choix des géniteurs dont l'importance reste primordiale puisqu'ils sont la base de l'élevage. Mais il ne faut la considérer que comme un calcul de probabilité et n'en attendre autre chose de certain que l'établissement d'un pédigrée rationnel.

Dans la pratique de la reproduction, on se contente d'utiliser la méthode naturelle, l'on n'a recours qu'en dernier ressort à la fécondation artificielle pour lutter contre la stérilité. D'ailleurs je ne sais si les éleveurs de chevaux de pur-sang n'hésiteraient pas à mettre en œuvre la méthode du Professeur Iwanow de peur de diffuser par trop et, si l'on peut dire, de vulgariser les courants de sang en vogue.

Dans l'alimentation et l'établissement des rations, les données théoriques seraient appliquées avec beaucoup d'avantages.

Il paraît difficile de contester le rôle efficace joué dans la prophylaxie des maladies du jeune, d'abord par l'existence d'un bâtiment spécial de maternité qui constitue l'isolement, ensuite par la pratique du pansement ombilical, enfin par l'administration du colostrum maternel, vecteur d'anticorps, qui apportent au jeune une immunité plus polyvalente que celle de n'importe quel vaccin.

J'espère enfin avoir mis suffisamment en lumière la délicatesse de la première alimentation du jeune et l'intérêt qu'offre la correction du lait dans le cas d'allaitement artificiel. Quant à la brusquerie du sevrage à la transplantation du poulain, leur influence a été sanctionnée par l'expérience et je ne puis guère la discuter.

BIBLIOGRAPHIE

DECHAMBRE. — **Zootechnie générale.**

      Le régime alimentaire des Poulains. « Revue de Zootechnie », 7e année, No 4, avril 1928.

G. LESBOUYRIES. — **Les modes de l'infection et la prophylaxie de la maladie des nouveaux-nés,** « Revue de Zootechnie », 7e année, No 8, avril 1928.

E. NICARD. — **L'inbreeding et l'out-crossing en élevage de chevaux de course.**

E. IWANOW. — **De la fécondation artificielle comme méthode zootechnique,** Bulletin de la Société centrale de Médecine Vétérinaire 1924.

S. F. TOUCHSTONE. — **La race pure en France.**

C BRUCE LOWE. — **Breeding racehorses by the figure Système.**

R. DE SALVERTE. — **Des familles de Bruce Lowe et des enseignements qu'il faut en tirer.**

LOTTERY. — **Traité technique d'élevage.**

CAGNY et GOBERT. — **Le cheval de course.**

LANGRES. — IMP. MODERNE, 11, RUE DU GRAND-CLOITRE

www.ingramcontent.com/pod-product-compliance
Ingram Content Group UK Ltd.
Pitfield, Milton Keynes, MK11 3LW, UK
UKHW022111070726
13613UKWH00003B/1004